Sirika Bekele Terfassa

Produtividade

Sirika Bekele Terfassa

Produtividade

Impacto dos factores sócio-económicos e da irrigação

ScienciaScripts

Imprint

Any brand names and product names mentioned in this book are subject to trademark, brand or patent protection and are trademarks or registered trademarks of their respective holders. The use of brand names, product names, common names, trade names, product descriptions etc. even without a particular marking in this work is in no way to be construed to mean that such names may be regarded as unrestricted in respect of trademark and brand protection legislation and could thus be used by anyone.

Cover image: www.ingimage.com

This book is a translation from the original published under ISBN 978-613-3-99093-7.

Publisher:
Sciencia Scripts
is a trademark of
Dodo Books Indian Ocean Ltd. and OmniScriptum S.R.L publishing group

120 High Road, East Finchley, London, N2 9ED, United Kingdom
Str. Armeneasca 28/1, office 1, Chisinau MD-2012, Republic of Moldova, Europe
Printed at: see last page
ISBN: 978-620-8-07131-8

Índice

ESTATUTO SOCIOECONÓMICO E PRODUTIVIDADE 2
FERTILIDADE DO SOLO E TIPO DE PRODUÇÃO VEGETAL 18
PAPEL DA IRRIGAÇÃO E DA PRODUÇÃO DOMÉSTICA DE ALIMENTOS............................ 34

ESTATUTO SOCIOECONÓMICO E PRODUTIVIDADE

Por:Sirika Bekele Terfassa

INTRODUÇÃO

Antecedentes do estudo

A produtividade é uma medida da eficiência da produção. A produtividade é um rácio entre o que é produzido e o que é necessário para o produzir. Normalmente, este rácio apresenta-se sob a forma de uma média, expressando a produção total dividida pelo total das entradas. A produtividade é uma medida da produção de um processo de produção, por unidade de entrada.

A nível nacional, o crescimento da produtividade aumenta o nível de vida porque um maior rendimento real melhora a capacidade das pessoas para comprar bens e serviços, desfrutar de lazer, melhorar a habitação e a educação e contribuir para programas sociais e ambientais. O crescimento da produtividade é importante para a empresa porque significa que a empresa pode cumprir as suas obrigações (porventura crescentes) para com os clientes, fornecedores, trabalhadores, acionistas e governos (impostos e regulamentação) e, ainda assim, manter-se competitiva ou mesmo melhorar a sua competitividade no mercado

O crescimento da produtividade - produção por unidade de fator de produção - é o determinante fundamental do crescimento do nível de vida material de um país. As medidas mais frequentemente citadas são a produção por trabalhador e a produção por hora - medidas da produtividade do trabalho. Não se pode ter um crescimento sustentado do produto por pessoa - a medida mais geral do nível de vida material de um país - sem um crescimento sustentado do produto por trabalhador.

A produção é um processo de combinação de vários factores de produção materiais e imateriais (planos, saber-fazer), a fim de produzir algo para consumo (a produção). Os métodos de combinação dos factores de produção no processo de produção são designados por tecnologia. A tecnologia pode ser representada matematicamente pela função de produção, que descreve a relação entre o fator de produção e a produção. A função de produção pode ser utilizada como uma medida de desempenho relativo na comparação de tecnologias.

Declaração do problema

A função de produção é uma descrição simples do mecanismo de crescimento económico. O crescimento económico é definido como qualquer aumento da produção de uma empresa ou de uma nação (o que quer que se esteja a medir). É normalmente expresso como uma percentagem de crescimento anual que representa o crescimento da produção da empresa (por entidade) ou do produto nacional (por nação). O crescimento económico real (por oposição à inflação) é constituído por duas componentes. Estas componentes são um aumento dos factores de produção e um aumento da produtividade.

A medição da produtividade parcial refere-se às soluções de medição que não satisfazem os requisitos da medição da produtividade total, sendo, no entanto, praticáveis como indicadores da produtividade total. Na prática, a medição na produção significa medidas de produtividade parcial. Nesse caso, os objectos de medição são componentes da produtividade total e, interpretados corretamente, esses componentes são indicativos do desenvolvimento da produtividade. O termo produtividade parcial ilustra bem o facto de a produtividade total ser medida apenas parcialmente - ou aproximadamente. De certa forma, as medições são defeituosas mas, ao compreender a lógica da produtividade total, é possível interpretar corretamente os resultados da produtividade parcial e tirar partido deles em situações práticas.

A produtividade de fator único refere-se à medição da produtividade que é um rácio entre a produção e um fator de produção. A medida mais conhecida da produtividade de fator único é a medida da produção por fator de trabalho, que descreve a produtividade do trabalho. Por vezes, é prático utilizar o valor acrescentado como produção. A produtividade medida desta forma é designada por produtividade do valor acrescentado. Além disso, a produtividade pode ser examinada na contabilidade analítica utilizando os custos unitários. Neste caso, trata-se sobretudo de explorar os dados da contabilidade analítica para medir a produtividade. Os rácios de eficiência, que dizem algo sobre a relação entre o valor produzido e os sacrifícios feitos para o obter, estão disponíveis em grande número. Os sistemas de rácios de controlo de gestão são compostos por medidas individuais que são interpretadas em paralelo com outras medidas relacionadas com o assunto. Os rácios podem estar relacionados com qualquer fator de sucesso da área de responsabilidade, como a rentabilidade, a qualidade, a posição no mercado, etc. Os rácios podem ser combinados para formar um todo através de regras simples, criando assim um sistema de índices. Isto conduzirá às seguintes questões de investigação:

1. Qual é a situação socioeconómica dos agricultores em termos de rendimento e de dimensão da família?

2. Qual é o nível de produtividade em termos de dimensão da terra e de produção?

3. Existe uma relação entre o estatuto socioeconómico e a produtividade dos agricultores em Becheke kebele?

Objetivo do estudo

O objetivo geral do estudo é analisar a relação entre o estatuto socioeconómico e a produtividade dos agricultores em Becheke kebele. O objetivo específico será o seguinte?

1. Identificar a situação socioeconómica dos agricultores em termos de rendimento e de dimensão da família.

2. Avaliar o nível de produtividade em termos de dimensão da terra e de produção.

3. Analisar a relação entre o estatuto socioeconómico e a produtividade dos agricultores em Becheke kebele.

Hipótese do estudo

Não existe qualquer relação entre o estatuto socioeconómico e a produtividade dos agricultores em Becheke kebele.

Importância do estudo

Este estudo terá um papel importante na contribuição para a forma como os agricultores equilibram o seu equilíbrio socioeconómico com o da sua produtividade. Por outro lado, o estudo servirá de referência a outros investigadores.

Limitações do estudo

O estudo limita-se aos problemas financeiros e de transporte. Por conseguinte, o investigador ultrapassará os problemas resolvendo-os em conformidade.

Delimitação do estudo

Este trabalho limita-se a analisar a relação entre o estatuto socioeconómico e a produtividade dos agricultores em Becheke kebele.

REVISÃO DA LITERATURA RELACIONADA

Estatuto socioeconómico

A desigualdade económica (ou "diferenças de riqueza e rendimento") inclui todas as disparidades na distribuição dos bens económicos e do rendimento. O termo refere-se normalmente à desigualdade entre indivíduos e grupos numa sociedade, mas também pode referir-se à desigualdade entre países. A questão da desigualdade económica está relacionada com as ideias de equidade: igualdade de resultados e igualdade de oportunidades. O principal instrumento que diminui a desigualdade económica, a tributação progressiva, demonstrou ser eficaz nas comparações internacionais da compressão do rendimento e da distribuição da riqueza. A questão de saber se a desigualdade económica é um fenómeno positivo ou negativo é controversa, tanto por razões utilitárias como morais. Um livro publicado em 2009 afirma que os fenómenos sociais negativos, como a redução da esperança de vida, o aumento das taxas de doença, os homicídios, a mortalidade infantil, a obesidade, a gravidez na adolescência, a depressão emocional e a população prisional estão correlacionados com uma maior desigualdade socioeconómica. A desigualdade económica tem existido num vasto leque de sociedades e períodos históricos; a sua natureza, causa e importância estão abertas a um amplo debate. A estrutura ou o sistema económico de um país (por exemplo, capitalismo ou socialismo), as guerras em curso ou passadas e as diferenças nas capacidades dos indivíduos para criar riqueza estão todos envolvidos na criação da desigualdade económica.

A desigualdade económica pode diminuir ou aumentar ao longo do tempo. Por exemplo, a desigualdade diminuiu nos EUA de 1890 a 1940 porque a oferta de trabalhadores qualificados ultrapassou a procura, uma vez que o movimento do ensino secundário gerou trabalhadores qualificados e o encerramento das fronteiras reduziu a oferta de imigrantes pouco qualificados. A desigualdade aumentou nos EUA entre 1970 e 2000 devido a uma mudança técnica que se baseia nas competências. Outros factores que aumentaram a desigualdade depois de 1970 foram: o declínio dos sindicatos nos EUA com a lei Taft-Hartley; o rápido aumento dos salários dos 0,1% mais ricos; o aumento dos rendimentos das empresas com a inovação tecnológica; a estagnação das taxas de conclusão do ensino secundário em cerca de 70%; e mudanças bem sucedidas nas estratégias políticas republicanas, que passaram a centrar-se em questões culturais nas eleições e na redução dos impostos no poder, em grande parte a partir de Ronald Reagan. Existem vários índices numéricos para medir a desigualdade económica. A desigualdade é mais frequentemente medida utilizando o coeficiente de Gini, mas existem também muitos outros métodos.

Rendimento

O processo de distribuição do rendimento da produção refere-se a uma série de acontecimentos em que os preços unitários de produtos e factores de produção de qualidade constante se alteram, provocando uma mudança na distribuição do rendimento entre os participantes na troca. A magnitude da variação na distribuição do rendimento é diretamente proporcional à variação dos preços dos produtos e dos factores de produção e às suas quantidades. Os ganhos de produtividade são distribuídos, por exemplo, aos clientes sob a forma de preços de venda dos produtos mais baixos ou ao pessoal sob a forma de salários mais elevados... Segundo David, o sistema de preços é um mecanismo através do qual os ganhos de produtividade são distribuídos e, para além da empresa, as partes receptoras podem ser os seus clientes, o pessoal e os fornecedores de factores de produção. Neste artigo, o conceito de "distribuição dos frutos da produção" de Davis é simplesmente referido como distribuição dos rendimentos da produção ou, mais simplesmente, como distribuição.

O processo de produção é constituído pelo processo real e pelo processo de distribuição do rendimento. Um resultado e um critério de sucesso do processo de produção é a rendibilidade. A rendibilidade da produção é a parte do resultado do processo real que o produtor conseguiu conservar para si no processo de distribuição do rendimento. Os factores que descrevem o processo de produção são os componentes da rentabilidade, ou seja, os rendimentos e os custos. Estes factores diferem dos factores do processo real na medida em que os componentes da rendibilidade são dados a preços nominais, enquanto no processo real os factores são dados a preços periodicamente fixos.

Tamanho da família

A produtividade do trabalho de uma determinada família depende da dimensão das famílias. Que é o rácio entre (o valor real da) produção e o fator trabalho. Sempre que possível, as horas trabalhadas, e não o número de empregados, são utilizadas como medida do fator trabalho. Especificamente, quantos bens ou serviços são produzidos numa hora de trabalho. Com o aumento do emprego a tempo parcial, as horas trabalhadas constituem a medida mais exacta do volume de trabalho. A produtividade do trabalho deve ser interpretada com muito cuidado se for utilizada como uma medida de eficiência. Em particular, reflecte mais do que apenas a eficiência ou a produtividade dos trabalhadores. A produtividade do trabalho é o rácio entre a produção e o fator trabalho; e a produção é influenciada por muitos factores que estão fora da influência dos trabalhadores, incluindo a natureza e a quantidade de equipamento de capital que é utilizado para produzir outros bens, a introdução de novas tecnologias, os recursos agrícolas e as práticas de gestão. Existe uma relação inversa entre a procura de mão de obra e a taxa salarial que uma empresa tem de pagar por cada trabalhador adicional empregado. Quando os salários por trabalhador são mais baixos, a mão de obra torna-se relativamente mais barata do que, por exemplo, a utilização de bens de equipamento e torna-se mais rentável para a empresa contratar mais trabalhadores.

Nível de produtividade

As medidas de produtividade parcial são as medidas físicas, as medidas do valor nominal dos preços e as medidas do valor fixo dos preços. Estas medidas diferem umas das outras pelas variáveis que medem e pelas variáveis excluídas das medições. A exclusão de variáveis da medição permite centrar melhor a medição numa determinada variável, o que, no entanto, implica uma abordagem mais restrita. O quadro seguinte foi elaborado para comparar os tipos básicos de medição. As medidas de produtividade são frequentemente utilizadas para indicar a capacidade de uma nação para aproveitar os seus recursos humanos e físicos para gerar crescimento económico. As medidas de produtividade são indicadores-chave do desempenho económico e há um grande interesse em compará-las a nível internacional.

Dimensão do terreno

A transformação da terra, ou seja, a utilização da terra para produzir bens e serviços, é a forma mais substancial como os seres humanos alteram os ecossistemas da Terra e é considerada a força motriz da perda de biodiversidade. As estimativas da quantidade de terra transformada pelo homem variam entre 39 e 50%. Estima-se que a degradação das terras, o declínio a longo prazo da função e da produtividade dos ecossistemas, ocorra em 24% das terras em todo o mundo, estando as terras agrícolas sobre-representadas. O relatório da UN-FAO cita a gestão das terras como o fator determinante da degradação e refere que 1,5 mil milhões de pessoas dependem das terras degradadas. A degradação pode ser a desflorestação, a desertificação, a erosão dos solos, o esgotamento dos minerais ou a degradação química (acidificação e salinização).

A agricultura em terra é uma tecnologia de bioremediação. Os solos contaminados são misturados com corretivos do solo, tais como agentes de volume do solo e nutrientes, e depois são lavrados na terra. O material é lavrado periodicamente para arejamento. Os contaminantes são degradados, transformados e imobilizados por processos microbiológicos e por oxidação. As condições do solo são controladas para otimizar a taxa de degradação dos contaminantes. O teor de humidade, a frequência de arejamento e o pH são condições que podem ser controladas. A agricultura em terra difere da compostagem porque incorpora efetivamente solo contaminado em solo não contaminado. A compostagem também ocorre geralmente em pilhas acima do solo.

Uma exploração agrícola deve ser gerida corretamente para evitar problemas, tanto no local como fora dele, de contaminação das águas subterrâneas, das águas superficiais, do ar e da cadeia alimentar. Devem ser construídas e monitorizadas instalações de recolha de águas residuais. A possível lixiviação de contaminantes do solo contaminado para o solo e para as águas subterrâneas é uma grande preocupação. A agricultura em terra incorpora solo contaminado em solo não contaminado, criando um volume maior de material contaminado. Por conseguinte, a taxa a que os contaminantes são degradados deve ser equilibrada com o potencial de criação de um maior volume de contaminação. As explorações agrícolas não devem ser utilizadas para diluir os contaminantes. Se não for possível demonstrar que a biodegradação ocorre para todos os contaminantes em causa, a agricultura em terra não deve ser utilizada. As condições que afectam a degradação biológica dos contaminantes (por exemplo, a temperatura e a precipitação) não são, em grande medida, controladas, o que pode aumentar o tempo necessário para completar a remediação. Os contaminantes inorgânicos não serão biodegradados, mas podem ser imobilizados. O controlo das poeiras é uma consideração importante, especialmente durante as operações de lavoura. Muitos constituintes de resíduos podem ser proibidos por regulamento de serem aplicados ao solo. A profundidade do tratamento é limitada à profundidade de lavoura possível (normalmente 18 polegadas). É necessário um grande espaço.

Produção

Os sistemas de cultivo variam entre explorações agrícolas, dependendo dos recursos disponíveis e dos constrangimentos; da geografia e do clima da exploração; da política governamental; das pressões económicas, sociais e políticas; e da filosofia e cultura do agricultor. A cultura itinerante (ou corte e queima) é um sistema em que as florestas são queimadas, libertando nutrientes para apoiar o cultivo de culturas anuais e depois perenes durante um período de vários anos. Em seguida, a parcela é deixada em pousio para que a floresta volte a crescer, e o agricultor muda-se para uma nova parcela, regressando após muitos mais anos (10-20). Este período de pousio é encurtado se a densidade populacional aumentar, exigindo a introdução de nutrientes (fertilizantes ou estrume) e algum controlo manual de pragas. O cultivo anual é a fase seguinte de intensidade em que não há período de pousio. Isto requer ainda mais nutrientes e controlo de pragas. Uma maior industrialização levou à utilização de monoculturas, quando uma cultivar é plantada numa grande área. Devido à baixa biodiversidade, a utilização de nutrientes é uniforme e as pragas tendem a acumular-se, exigindo uma maior utilização de pesticidas e fertilizantes. A cultura múltipla, em que várias culturas são cultivadas sequencialmente num ano, e a cultura intercalar, em que várias culturas são cultivadas ao mesmo tempo, são outros tipos de sistemas de culturas anuais conhecidos como policulturas.

Em ambientes tropicais, todos estes sistemas de cultivo são praticados. Nos ambientes subtropicais e áridos, o momento e a extensão da agricultura podem ser limitados pela precipitação, não permitindo várias culturas anuais num ano ou exigindo irrigação. Em todos estes ambientes são cultivadas culturas perenes (café, chocolate) e são praticados sistemas como a agro-silvicultura. Nos ambientes temperados, onde os ecossistemas eram predominantemente prados ou pradarias, as culturas anuais altamente produtivas são o sistema agrícola dominante. No último século, assistiu-se à intensificação, concentração e especialização da agricultura, com base em novas tecnologias de produtos químicos agrícolas (adubos e pesticidas), mecanização e cultivo de plantas (híbridos e OGM). Nas últimas décadas, desenvolveu-se também uma tendência para a sustentabilidade na agricultura, integrando ideias de justiça socioeconómica e de conservação dos recursos e do ambiente num sistema agrícola. Isto levou ao desenvolvimento de muitas respostas à abordagem da agricultura convencional, incluindo a agricultura biológica, a agricultura urbana, a agricultura apoiada pela comunidade, a agricultura ecológica ou biológica, a agricultura integrada e a gestão holística, bem como uma tendência crescente para a diversificação agrícola.

Resumo da revisão da literatura relacionada

As práticas agrícolas, como a irrigação, a rotação de culturas, os fertilizantes e os pesticidas, foram desenvolvidas há muito tempo, mas registaram grandes progressos no último século. A história da agricultura tem desempenhado um papel importante na história da humanidade, uma vez que o progresso agrícola tem sido um fator crucial na mudança socioeconómica mundial. A divisão do trabalho nas sociedades agrícolas tornou comuns especializações raramente vistas nas culturas de caçadores-recolectores. O mesmo acontece com as artes, como a literatura épica e a arquitetura monumental, bem como com os sistemas jurídicos codificados. Quando os agricultores se tornaram capazes de produzir alimentos para além das necessidades das suas próprias famílias, outros membros da sua sociedade ficaram livres para se dedicarem a outros projectos que não a aquisição de alimentos. Os historiadores e antropólogos há muito que defendem que o desenvolvimento da agricultura tornou possível a civilização. É provável que a população mundial total nunca tenha ultrapassado os 15 milhões de habitantes antes da invenção da agricultura.

As expedições de exploração agrícola, desde o final do século XIX, têm sido organizadas com o objetivo de encontrar novas espécies e novas práticas agrícolas em diferentes áreas do mundo. Dois dos primeiros exemplos de expedições incluem a viagem de recolha de frutos e nozes de Frank N. Meyer à China e ao Japão, de 1916 a 1918, e a Expedição de Exploração Agrícola Oriental Dorsett-Morse à China, ao Japão e à Coreia, de 1929 a 1931, para recolher germoplasma de soja destinado a apoiar o aumento da agricultura de soja nos Estados Unidos.

METODOLOGIA

Quadro teórico

O principal instrumento que diminui a desigualdade económica, a tributação progressiva, demonstrou ser eficaz nas comparações internacionais da compressão do rendimento e da distribuição da riqueza. A questão de saber se a desigualdade económica é um fenómeno positivo ou negativo é controversa, tanto por razões utilitárias como morais. Um livro publicado em 2009 afirma que os fenómenos sociais negativos, como a redução da esperança de vida, o aumento das taxas de doença, os homicídios, a mortalidade infantil, a obesidade, a gravidez na adolescência, a depressão emocional e a população prisional estão correlacionados com uma maior desigualdade socioeconómica. A desigualdade económica tem existido num vasto leque de sociedades e períodos históricos; a sua natureza, causa e importância estão abertas a um amplo debate. A estrutura ou o sistema económico de um país (por exemplo, capitalismo ou socialismo), as guerras em curso ou passadas e as diferenças nas capacidades dos indivíduos para criar riqueza estão todos envolvidos na criação da desigualdade económica. Este facto é demonstrado graficamente da seguinte forma:

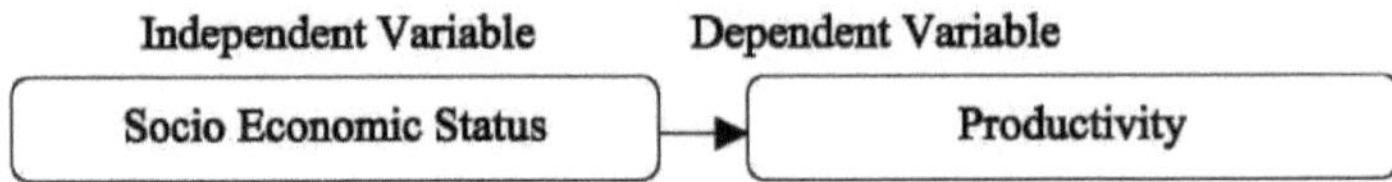

Figura A: Mostra a relação teórica das variáveis

Quadro concetual

O estatuto socioeconómico é re[presentado como a variável independente do estudo e é definido em termos de rendimento e dimensão da família. A variável dependente é também representada pela produtividade e definida em termos de dimensão da terra e produção:

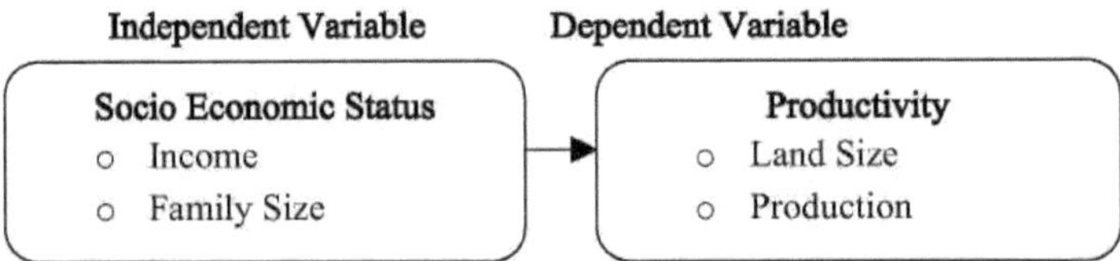

Figura A: Mostra a relação teórica das variáveis

Operacionalização

Situação socioeconómica

Este é definido em termos de rendimento e de dimensão da família. A operacionalização será feita da seguinte forma:

Rendimento

O rendimento é definido como a quantidade de dinheiro que os inquiridos recebem mensalmente ao fornecerem a sua produção ao mercado. Este rendimento será medido da seguinte forma:

Escala	Rendimento	Descrição
1	Inferior a 500 Birr	Rendimento muito baixo
2	500-1000 Birr	Rendimento baixo
3	1001-1500 Birr	Rendimento moderado

| 4 | 1501-2000 Birr | Rendimento elevado |
| 5 | 2001 e superior | Rendimento muito elevado |

Tabela 1: Operacionalização do rendimento

Tamanho da família

Define-se como a média dos membros da família em cada agregado familiar (os membros da família incluem o pai, a mãe, os filhos e a família alargada em alguns agregados familiares). Será medido da seguinte forma:

Escala	Tamanho da família	Descrição
1	Abaixo de 5	Membros muito pequenos
2	5-6	Pequenos membros
3	7-8	Membros moderados
4	9-10	Grandes membros
5	11 anos ou mais	Membros muito grandes

Tabela 2: Operacionalização da dimensão da família

Produtividade

A produtividade é representada pela variável dependente do estudo e será definida em termos de dimensão da terra e produção. Esta variável será operacionalizada da seguinte forma:

Tamanho do terreno

É definida como a dimensão da terra que o agregado familiar tem em média. Este valor será medido nas seguintes partes:

Escala	Tamanho do terreno	Descrição

1	Inferior a 0,25 ha	Terreno muito pequeno
2	.25-.5 ha	Pequena dimensão do terreno
3	.51-.75 ha	Tamanho moderado do terreno
4	.76-1.0 ha	Grande dimensão do terreno
5	1.1 e superior ha	Terreno muito grande

Tabela 3: Operacionalização da dimensão do terreno

Produção

A produção é definida em termos da quantidade de culturas produzidas anualmente pelos agricultores.

Esta será medida nas partes seguintes:

Escala	Nível de produção	Descrição
1	Inferior a 20 quintais	Produção muito baixa
2	20-30 quintais	Baixa produção
3	31-40 quintais	Produção moderada
4	41 e 50 quintais	Produção elevada
5	51 e mais quintais	Produção muito elevada

Quadro 4: Operacionalização da produção

Local de estudo

O kebele de Becheke situa-se na zona oeste de Showa, a 85 km de Addis Abeba, a sul. 500 agregados familiares vivem neste kebele, com uma população total de 2145 pessoas, das quais 1065 são homens e 1080 são mulheres. O kebele é limitado a norte pelo kebele gagno gelam, a sul por samara, a nordeste por waffe burkuke e a leste por kechema dawwe. As principais culturas produzidas nesta região são o trigo, o teff, o milho e o sorgo. Os Oromo são os habitantes dominantes desta kebele e os gurage são em pequeno número. A região é caracterizada por condições climatéricas de weynedega. A kebele é constituída por solos argilosos e salinos.

Conceção da investigação

Trata-se de um estudo de inquérito realizado com recurso a estatísticas de correlação. Por conseguinte, a investigação utilizou procedimentos apropriados dos métodos de investigação correspondentes na conceção do estudo.

Método de recolha de dados

Instrumentação

O instrumento utilizado para recolher os dados primários são os questionários estruturados. O questionário é preparado para conter informações para o objetivo da investigação.

Procedimento de amostragem

Esta investigação segue uma técnica de amostragem simples. Para o efeito, serão identificadas, em primeiro lugar, as pessoas da comunidade que vivem na área da população-alvo. O tamanho total da amostragem deste inquérito é de 70 inquiridos da comunidade e dos condutores da zona.

Método de análise de dados

Os dados foram analisados de acordo com cada objetivo da seguinte forma:

1. Os objectivos um e dois serão analisados utilizando estatísticas descritivas, ou seja, uma percentagem.

2. O objetivo 3 será analisado com recurso a estatísticas de correlação

Literatura citada

Brynjolfsson, Erik (1993). "O paradoxo da produtividade da tecnologia da informação".

Communications of the ACM **36** (12): 66-77. ^ Berglas (2008)

Fernandez-Cornejo, (1998). "Issues in the Economics of Pesticide Use in Agriculture: A Review of the Empirical Evidence". Review of Agricultural Economics 1998: 462-488.

Jowit, Juliette (, 2010). "O lobby corporativo está a bloquear as reformas alimentares, adverte um alto funcionário da ONU: A Cimeira Agrícola falou de tácticas de atraso por parte de grandes empresas agro-alimentares e produtores de alimentos em decisões que melhorariam a saúde humana e o ambiente".

The Guardian (Londres), The Guardian (Reino Unido), 22 de setembro de 2010

Nabhan, Gary Paul. Enduring Seeds, The University of Arizona Press, Tucson, 1989.

Pretty J (2000). "An assessment of the total external costs of UK agriculture". Agricultural Systems **65** (2): 113-136. doi:10.1016/S0308-521X(00)00031-7.

Ruben . Lubowski, (2004) , Alba Baez e Michael J. Roberts. Major Uses of Land in The United States, 2002. Serviço de Investigação Económica do USDA, 2006.

Safefood Consulting, (2005) Benefits of Crop Protection Technologies on Canadian Food Production, Nutrition, Economy and the Environment. Guelph, ON: 2005.

Shiva, Vandana. (2005) Earth Democracy: Justice, Sustainability, and Peace, South End Press, Cambridge, MA,.

Tegtmeier, Duffy (2005). "External Costs of Agricultural Production in the United States" [Custos externos da produção agrícola nos Estados Unidos]. The Earthscan Reader in Sustainable Agriculture.

Trewavas, Anthony (2000) "A critical assessment of organic farming-and-food assertions with particular respect to the UK and the potential environmental benefits of no-till agriculture". Crop Protection 2004: 757-781.

APÊNDICE

QUESTIONÁRIOS

1.   Indique, assinalando com um X a sua situação em termos de rendimentos, a lista seguinte

Inferior a 500 Birr

500-1000 Birr

1001-1500 Birr

1501-2000 Birr

2001 e superior

2.   Queira indicar o número de pessoas que vivem na sua família

Abaixo de 5

    5-6

    7-8

    9-10

11 anos ou mais

3.   Queira indicar, assinalando, a dimensão do terreno de que é proprietário

Inferior a 0,25 ha

.25-.5 ha

.51-.75 ha

.76-1.0 ha

3.1 e acima de ha

4.   Por favor, indique o nível da sua produção

Inferior a 20 quintais

20-30 quintais

31-40 quintais

41 e 50 quintais

51 e mais quintais

FERTILIDADE DO SOLO E TIPO DE PRODUÇÃO VEGETAL

INTRODUÇÃO

Antecedentes do estudo

Imaginem uma quinta no meio de um bairro social, com um terreno de apenas 40' x 40'; é ridículo, claro, mas a mensagem é simples - sem terra para pastar o gado ou para cultivar, o rendimento de um agricultor seria inexistente. Concordamos, portanto, que a vida de um agricultor depende da sua terra, tal como a saúde e a sobrevivência do seu gado e a qualidade e quantidade das colheitas que consegue fazer nela. Durante anos, o agricultor confiou nos vendedores de fertilizantes para lhe dizerem o que aplicar com base num teste de amostragem que é antiquado e não dá qualquer indicação sobre o que está "bloqueado" ou o que é verdadeiramente deficiente. Por este motivo, o agricultor tem estado, nalguns casos, a pagar por algo de que simplesmente não necessita. É imperativo saber exatamente o que se passa nos seus solos, para que possa tomar uma decisão informada sobre o que gastar para obter lucros com o que faz.

Com o preço dos fertilizantes tal como está, é agora mais importante do que nunca que o agricultor utilize todas as ferramentas disponíveis para tomar boas decisões comerciais sobre os fertilizantes que precisa de comprar, juntamente com as técnicas de cultivo corretas para a terra que cultiva. A Soil Fertility Services tem vindo a testar e a monitorizar os solos em todo o Reino Unido há muitos anos e, durante esse tempo, adquirimos o conhecimento e a experiência de interpretar os resultados para que o agricultor tenha a informação correta sobre o que precisa de fazer para maximizar todo o potencial de rendimento da sua terra. Compreender a capacidade do solo para a produção de culturas - ajuda a uma utilização eficiente e económica dos fertilizantes - ajuda a aumentar a produção das culturas - manter a saúde do solo de forma sustentável - ajuda a adotar um sistema integrado de gestão dos nutrientes para aumentar a produção das culturas e a saúde do solo - os valores dos testes do solo têm pouco valor se não forem calibrados com base em experiências de taxas de nutrientes realizadas em estufas.

Declaração do problema

A fertilidade do solo é o efeito combinado de três grandes componentes que interagem entre si. Estas são as caraterísticas <u>químicas</u>, <u>físicas</u> e <u>biológicas</u> do solo. As caraterísticas físicas e químicas do solo são muito melhor compreendidas do que as da componente biológica, pelo que sabemos bastante sobre o estado químico e físico desejado dos solos. Continua a ser difícil definir o estado biológico desejado do solo, porque este é muito dinâmico e as alterações ocorrem em períodos de tempo muito mais curtos do que as alterações físicas e químicas.

A fertilidade biológica, embora difícil de definir, oferece-nos grandes oportunidades de gestão e monitorização das terras devido à sua natureza dinâmica. Pensa-se que o estado biológico dos solos pode ser capaz de fornecer um alerta precoce da degradação das terras, permitindo-nos assim adotar práticas de gestão mais sustentáveis. A biologia do solo é complexa e precisamos de compreender melhor o efeito mediador que os componentes biológicos têm na fertilidade química e física. Temos ainda de determinar os níveis desejáveis de atividade, número e diversidade dos organismos do solo para manter um solo fértil e produtivo. Isto conduzirá às seguintes questões de investigação:

1.   Qual é o estado da fertilidade do solo em termos de tipo de solo e quantidade de fertilizante adicionado?

2.   Qual é o nível de produção vegetal em termos de tempo de produção por ano e

nível de produção por hectare?

3.   Existe uma relação entre a fertilidade do solo e a produção vegetal em Sidama kebele?

Objetivo do estudo

O objetivo geral do estudo é analisar a relação entre a fertilidade do solo e a produção vegetal em Sidamakebele. O objetivo específico será o seguinte:

1.   Identificar o estado da fertilidade do solo em termos de tipo de solo e quantidade de fertilizante adicionado.

2. Avaliar o nível de produção vegetal em termos de tempo de produção por ano e de nível de produção por hectare.

3. Analisar a relação entre a fertilidade do solo e a produção vegetal em Sidama kebele.

Hipótese do estudo

Não existe qualquer relação entre a fertilidade do solo e a produção vegetal em Sidama kebele.

Significado do estudo

A compreensão das caraterísticas do solo é o ponto principal para qualquer entidade que participe no domínio da agricultura. Por conseguinte, o resultado deste estudo terá um papel significativo na introdução do papel da fertilidade do solo na produção agrícola. Por outro lado, o estudo servirá de referência a outros investigadores.

Limitações do estudo

O investigador enfrentará muitos desafios devido à disponibilidade de dados sobre este tema e aos recursos financeiros. Por conseguinte, o investigador ultrapassará o problema tratando cada problema em conformidade.

Delimitação do estudo

Este estudo limita-se a analisar a relação entre a fertilidade do solo e a produção vegetal em Sidama kebele.

REVISÃO DA LITERATURA RELACIONADA

Fertilidade do solo

O peróxido de azoto é o elemento do solo que mais frequentemente falta. O óxido de fósforo e o bicarbonato de potássio também são necessários em quantidades substanciais. Por esta razão, estes três elementos são sempre incluídos nos adubos comerciais, e o conteúdo de cada um destes elementos é indicado nos sacos de adubo. Por exemplo, um fertilizante 10-10-15 tem 10% de azoto, 10% de fósforo disponível (P_2O_5) e 15% de potássio solúvel em água (K_2O).

Os fertilizantes inorgânicos são geralmente menos dispendiosos e têm concentrações mais elevadas de nutrientes do que os fertilizantes orgânicos. Alguns criticaram a utilização de fertilizantes inorgânicos, alegando que o azoto solúvel em água não satisfaz as necessidades a longo prazo da planta e cria poluição da água. O fertilizante de libertação lenta, no entanto, é menos solúvel e elimina o maior ponto negativo da fertilização, a queima de fertilizantes. Além disso, a maioria dos fertilizantes solúveis são revestidos, como a ureia revestida com enxofre. Em 2008, o custo do fósforo como fertilizante mais do que duplicou, enquanto o preço do fosfato de rocha como produto de base aumentou oito vezes. Recentemente, o termo <u>pico de fósforo</u> foi cunhado, devido à ocorrência limitada de fosfato de rocha no mundo. O solo também pode ser revitalizado através de meios físicos, como a <u>vaporização do solo</u>. O vapor sobreaquecido é induzido no solo para matar as pragas e desbloquear os nutrientes.

Tipo de solo

Uma amostra composta para representar uma determinada área - fator importante. Etapas - percorrer a área para separar as diferenças de declive, cor, estrutura, tipo de cultura, tipo de gestão, etc. Agrupar áreas semelhantes com as mesmas caraterísticas - recolher amostras representativas dessas áreas à razão de 10-20 amostras (pelo menos 8-16) de cada localidade - ferramentas trado de solo (para solos húmidos), tubos de solo, pá, colher de pedreiro, etc., remover as camas de superfície, restolhos e porções pedregosas - profundidade da amostragem 15 cm. para zonas húmidas (arrozais) e 25 cm. para os terrenos secos (terrenos de jardim).

Fazer um corte em forma de "V" com uma pá e recolher o solo dos lados do corte em "V" com uma espessura de 2 cm. Juntar as amostras recolhidas e retirar apenas 500 g de solo como amostra de ensaio pelo método de "quartering". Em seguida, secar o solo à sombra e ensacar com um pano ou um saco de polietileno.

Fornecer todos os pormenores relativos ao agricultor e à parcela, tal como exigido no formulário previsto para o efeito, a enviar juntamente com a amostra apresentada.

Ensaio - normalmente 1-10gm do solo é submetido a ensaio. De acordo com o resultado obtido, o solo é classificado e são-lhe atribuídas classes. Existem 10 classes (0 a 9) para cada parâmetro. Com base no resultado do teste do solo, ou seja, se é baixo, médio ou alto e também na classe atribuída, são dadas recomendações de adubos orgânicos, fertilizantes e cal.

Solos com valores médios de fertilidade - 100% da recomendação geral de fertilizante, por exemplo, um solo com 10kg/ha de P2 O5 disponível é considerado médio e requer 100% da recomendação geral de fertilizante.

Relativamente ao K, é considerado médio se contiver 115 kg por ha de K2O disponível

Para N: solos arenosos - o valor médio é de 0,05% (carbono orgânico 0,3%). Para solos argilosos e argilosos, o valor médio é de 0,05% (carbono orgânico 0,05%). Para solos de baixa classificação, a recomendação é aumentada e para solos de alta classificação a recomendação é reduzida (para N 54 a 128% e para P e K 25 a 128% da recomendação geral).

A primeira parte contém: (i) o pH do solo, (ii) o carbono orgânico (como medida do N disponível), (iii) os sais solúveis totais (como medida da salinidade), o P disponível, (v) o potássio disponível, (iv) quaisquer outras informações pertinentes.

Segunda parte - Recomendação de fertilizantes com base nos resultados analíticos, no historial do campo e em trabalhos de investigação recentes - indica as quantidades de N2 P2 O5 e K2O. Calcário e adubos orgânicos a aplicar nas culturas.

Terceira parte - Os métodos e a época de aplicação dos fertilizantes e outras práticas necessárias para tornar a utilização dos fertilizantes mais eficiente e eficaz.

Quantidade de fertilizante adicionado

Os dados dos testes de solo podem ser resumidos para fornecer informações sobre as necessidades gerais de fertilizantes para áreas específicas e sobre os tipos de materiais e misturas de fertilizantes mais adequados para essas áreas. Útil para os planeadores e administradores na definição de políticas de produção, distribuição e consumo de fertilizantes - útil também para os investigadores - pode ser preparado em função do solo, da aldeia, do bloco ou do distrito. Também se tentaram elaborar mapas por estado ou por país. Muitos resumos ST incluem quadros que indicam a percentagem do número total de amostras que se enquadram em diferentes categorias de classificação - baixa, média e alta. O conceito de índice de nutrientes introduzido por Parker et al (1951) é particularmente útil para a formulação de recomendações de fertilizantes por zona e para a comparação dos níveis de fertilidade de duas zonas.

Para preparar os índices de nutrientes por aldeia, são necessários dados analíticos de cerca de 50-200 amostras por cada 20-30 ha da área avaliada. Os valores da análise destas amostras devem ser resumidos em percentagem em cada categoria para cada nutriente e a percentagem na categoria "baixa", "média" e "alta" deve ser multiplicada por 1, 2 e 3, respetivamente, e a soma dos valores assim obtidos deve ser dividida por 100 para obter o índice ou a média ponderada. Um índice inferior a 1,66 é baixo, entre 1,67 e 2,33 é médio e superior a 2,34 é alto - utilizando estes índices, a recomendação atual de fertilizantes para cada cultura, a nível estatal ou regional, pode ser modificada para se adequar melhor à aldeia. Estas recomendações modificadas serão úteis para os agricultores cujos campos não foram testados individualmente.

A maioria dos agricultores também tem pouco dinheiro para aplicar os factores de produção agrícola. Durante a época de produção, é frequente não disporem de capital de exploração para comprar sementes e produtos químicos, ou para contratar trabalhadores para lavrar a terra, semear, regar, mondar e colher as colheitas. Especialmente nos meses que antecedem a colheita, muitas famílias de agricultores não conseguem pagar as despesas do agregado familiar, como as propinas escolares e as roupas, e as necessidades básicas, como alimentos e medicamentos. Além disso, poucos agricultores dispõem de capital de investimento para comprar equipamento, como arados, ou para melhorar a sua exploração agrícola, por exemplo, através da irrigação. Assim, as necessidades financeiras dos agricultores incluem o pagamento em dinheiro pela colheita, empréstimos anuais para pré-financiar a colheita e empréstimos a longo prazo para investir na sua atividade

Produção vegetal

Ethiopia grows a large varieties of crops which include cereals (teff, corn, wheat, barley, sorghum, millet, oats, etc.); pulses (horse beans, chick-peas, haricot beans, field peas, lentils, soybean, and vetch); oilseeds (linseed, nigerseed, fenugreek, noug, rapeseed, sunflower, castor bean, groundnuts, etc.), estimulantes (café, chá, chat, tabaco, etc.), fibras (algodão, sisal, linho, etc.), frutos (banana, laranja, uva, papaia, limão, mexerica, maçã, ananás, manga, abacate, etc.), legumes (cebola, tomate, cenoura, couve, etc.), raízes e tubérculos (batata, beterraba, batata-doce, beterraba, inhame, etc.) e cana-de-açúcar.

Estima-se que 16,5 milhões de hectares sejam cultivados e que os cereais sejam a cultura de campo mais importante, ocupando 86% da área plantada e sendo o principal elemento da dieta da maioria dos etíopes. As principais culturas de cereais são o teff, o trigo e a cevada, que são essencialmente culturas de clima frio, e o milho, o sorgo e o painço, que são culturas de clima quente. O teff é a cultura preferida nas terras altas mais frias, enquanto o sorgo é a principal cultura das terras baixas, uma vez que se desenvolve bem em ambientes semi-áridos devido às suas propriedades rústicas e resistentes à seca.

Tempo de produção por ano

O teff, o trigo e a cevada são culturas de clima frio cultivadas predominantemente nas terras altas da Etiópia a uma altitude óptima de 1800 a 2200 metros. O teff ocupa a maior área (1,4 milhões de hectares) e tem a maior produção total de cereais. O teff, originário da Etiópia, constitui a base da alimentação de muitos etíopes e fornece a farinha para fazer *injera,* um pão ázimo que é consumido nas terras altas e nos centros urbanos de todo o país. O teff é, no entanto, uma cultura muito delicada e frágil, que requer muito trabalho e cuidados, e tem um dos rendimentos mais baixos das culturas de cereais. A cevada é outra grande cultura de subsistência, cultivada maioritariamente entre os 2.000 e os 3.500 metros, e também utilizada na produção de *tela,* uma cerveja produzida localmente.

As culturas de cereais de clima quente mais comuns na Etiópia são o milho, o sorgo e o painço, que são cultivados principalmente em altitudes mais baixas ao longo das periferias ocidental, sudoeste e oriental do país. Estes três cereais são os alimentos de base para uma grande parte da população e são os principais elementos da dieta dos pastores. O sorgo e o painço são resistentes à seca e crescem bem em altitudes baixas, onde a precipitação é menos fiável. O sorgo é particularmente importante no norte da Etiópia, incluindo nas zonas montanhosas do Tigray ocidental. O milho é cultivado principalmente entre as altitudes de 1500 e 2200 metros e requer grandes quantidades de precipitação para garantir boas colheitas. O milho é particularmente importante no sudoeste da Etiópia, com a região de Oromiya a produzir a maior quantidade de milho.

As leguminosas ocupam 13% das terras cultivadas e são o segundo elemento mais importante da dieta nacional, constituindo a principal fonte de proteínas e um importante suplemento alimentar ao consumo de cereais. As leguminosas são utilizadas principalmente para fazer *wot,* um guisado etíope, que é por vezes servido como prato principal. Embora as leguminosas sejam amplamente cultivadas nas terras altas, são mais comuns no norte da Etiópia e na Eritreia. Recentemente, as leguminosas recuperaram a sua importância como produtos de exportação, uma vez que, antes da revolução, eram um produto de exportação, mas apenas serviam para consumo interno durante a maior parte dos anos da revolução.

Nível de produção

Há apenas 40 anos, a Etiópia exportava anualmente uma média de 90.000 toneladas de cereais e leguminosas para os seus vizinhos da África Oriental e da Península Arábica (Hailu 1991). No entanto, a produção de cereais tem-se mantido estável desde o início da década de 1970. Com mais do que uma duplicação da população entre 1970-90, a disponibilidade de alimentos per capita diminuiu. Nos últimos anos, o país tornou-se cada vez mais dependente dos fornecimentos de ajuda alimentar doada (Figuras 1 e 2). No entanto, a Etiópia é dotada de uma grande riqueza de recursos naturais: diversos sistemas agroecológicos, muitos deles com precipitação adequada e solos suficientemente férteis para sustentar uma grande variedade de culturas. Atualmente, apenas 40% da terra arável potencial e menos de 5% da terra irrigável estão a ser utilizados.

Como é que os recursos subutilizados da Etiópia, incluindo o seu capital humano, podem ser melhor canalizados para permitir que o país se alimente e, talvez, volte a exportar cereais? O objetivo deste documento é apresentar um quadro e um processo que podem ser utilizados pelos etíopes para o planeamento estratégico no sistema de cereais, para destacar as restrições mais importantes ao aumento da produtividade e identificar investimentos críticos para as aliviar. O documento utiliza o quadro para fazer um "primeiro corte" na identificação dos principais constrangimentos e oportunidades e das áreas que requerem mais investigação, com base nos resultados de uma avaliação rápida das principais áreas de excedentes e défices alimentares.

A agricultura é a atividade mais antiga da Etiópia. É a principal fonte de matérias-primas industriais alimentares e de produtos de exportação. Mais de 85% da população do país está envolvida em actividades agrícolas. A produtividade é um processo progressivo e dinâmico O crescimento é o resultado de um processo A agricultura é uma das actividades económicas da Etiópia. É a principal fonte de matérias-primas para a indústria alimentar e de produtos de exportação. A agricultura é a ciência e a arte do cultivo do solo e da criação de gado, quer para consumo local, quer para fins comerciais. A Etiópia é um país de economia agrária em que o sector agrícola desempenha um papel importante na economia nacional, nos meios de subsistência e no sistema sociocultural do país. O sector apoia o emprego de mais de 80% da população, representa 45-50% do PIB nacional e dá a maior contribuição para a matéria-prima das agro-indústrias, a segurança alimentar e a obtenção de divisas

Resumo da revisão da literatura relacionada

A produtividade ocorre quando o ser humano obtém muita comida, abrigo, vestuário, educação, segurança hídrica, saúde pública, infra-estruturas, recreação e afins de um maior número de pessoas e também a produtividade envolve o aumento do nível de rendimento, o aumento da produtividade, o elevado rendimento per capital, a distribuição equitativa da riqueza. A produtividade é a capacidade de uma nação de produzir os seus próprios meios de produção: as ferramentas e as máquinas que permitem à economia criar matéria-prima industrial, o que pode permitir que o fator funcione. No final, a produtividade é um processo progressivo que envolve a interação de diferentes factores. A utilização correta da irrigação requer mão de obra, os fertilizantes produzem mais colheitas. A produtividade é um processo progressivo de melhoria da condição humana, como a eliminação da pobreza, do desemprego, do analfabetismo, da desigualdade, da doença, etc.

METODOLOGIA

Quadro teórico

Os dados dos testes de solo podem ser resumidos para fornecer informações sobre as necessidades gerais de fertilizantes para áreas específicas e sobre os tipos de materiais e misturas de fertilizantes mais adequados para essas áreas. Útil para os planeadores e administradores na definição de políticas de produção, distribuição e consumo de fertilizantes - útil também para os investigadores - pode ser preparado em função do solo, da aldeia, do bloco ou do distrito. Também se tentaram elaborar mapas por estado ou por país. Muitos resumos ST incluem quadros que indicam a percentagem do número total de amostras que se enquadram em diferentes categorias de classificação - baixa, média e alta. O conceito de índice de nutrientes introduzido por Parker et al (1951) é particularmente útil para a formulação de recomendações de fertilizantes por área e para a comparação dos níveis de fertilidade de duas áreas. Isto será mostrado graficamente da seguinte forma:

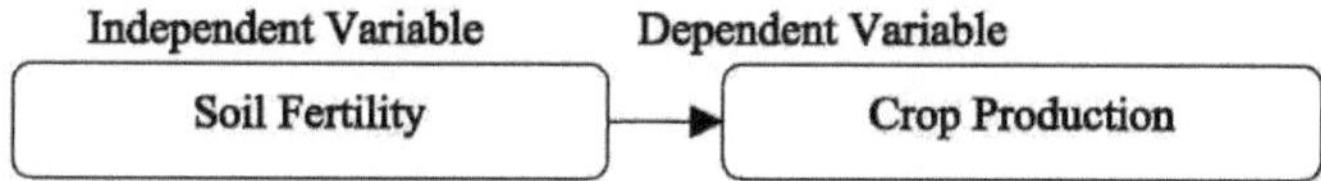

Figure A: Mostra a relação teórica das variáveis

Quadro concetual

A fertilidade do solo é representada pela variável independente do estudo e será definida em termos do tipo de solo e da quantidade de fertilizante. A variável dependente é também representada pela produção vegetal e definida em termos de tempo de produção por ano e nível de produção por hectare. O gráfico será apresentado da seguinte forma:

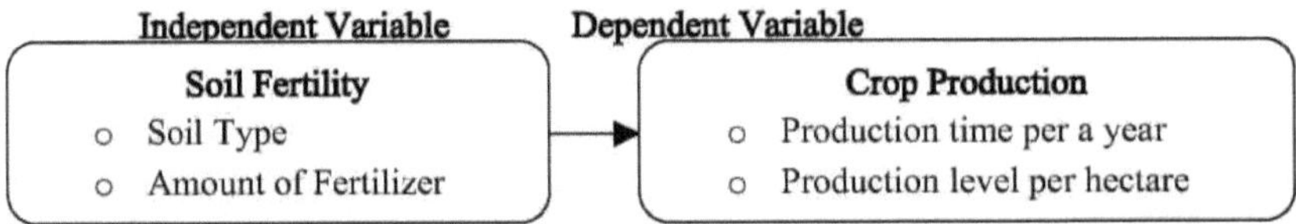

Figure B: Mostra a relação concetual das variáveis

Operacionalização

Fertilidade do solo

Esta é a variável independente do estudo e é definida em termos do tipo de solo e da quantidade de fertilizante. Esta variável será operacionalizada da seguinte forma:

Tipo de solo

Este é definido como o tipo de solo que existe na área de estudo e será medido da seguinte forma:

Escala	Tipo de solo	VPST	PST	MST	FST	VFST
1	Argila					
2	Solo arenoso					
3	Misto					
4	Preto					
5	Vermelho					

Tabela 1: Operacionalização do tipo de solo

VPST= Tipo de solo muito pobre PST= Tipo de solo pobre MST= Tipo de solo moderado

FST= Tipo de solo fértil VFST= Tipo de solo muito fértil

Quantidade de fertilizante

Este valor é definido como a quantidade de fertilizantes adicionados à exploração durante a produção e é medido no quadro seguinte.

Escala	Quantidade de fertilizante	Descrição
1	Inferior a 50 kg para 1 ha	Quantidade muito pequena
2	50-60 kg para 1 ha	Pequena quantidade
3	61-70 kg para 1 ha	Quantidade moderada
4	71-80 kg para 1 ha	Montante elevado
5	81 e mais kg para 1 ha	Quantidade muito elevada

Tabela 2: Operacionalização da quantidade de fertilizante

Produção vegetal

Esta é a variável dependente do estudo e é definida em termos de tempo de produção por ano e nível de produção por hectare. Esta variável será operacionalizada da seguinte forma:

Tempo de produção por ano

É definida em termos da frequência de produção por ano. Será medida da seguinte forma:

Escala	Tempo de produção por ano	Descrição
1	Uma vez	Muito pouco tempo
2	Duas vezes	Pouco tempo
3	Três vezes	Tempo moderado
4	Quatro vezes	Muito tempo
5	Cinco vezes	muito tempo

Tabela 3: Operacionalização do tempo de produção por ano

Nível de produção por hectare

Este valor é definido como a quantidade de produção de um hectare e é medido no quadro seguinte.

Escala	Nível de produção por hectare	Descrição
1	Inferior a 30 quintais	Produção muito baixa
2	30-50	Baixa produção
3	51-70	Produção moderada
4	71-90	Produção elevada
5	91 e mais	Produção muito elevada

Quadro 4: Operacionalização do nível de produção por hectare

Local do estudo

Sidama kebele situa-se no sul da nação, nacionalidade, povo, governo regional. Situa-se a 250 km de Addis Abeba. Tem uma população total de 1177 habitantes, dos quais 636 são homens e 541 são mulheres. Tem 360 agregados familiares. É delimitada por siko a norte, fugaja a oeste, olawa a leste e soda a sul. Nesta zona são produzidos diferentes tipos de culturas, incluindo trigo, sorgo, ervilhas, feijão, milho e teff. O grupo étnico Hadiya domina fortemente o kebele. É caracterizada por condições climatéricas de woynadega.

Conceção da investigação

Trata-se de uma investigação de inquérito com recurso a um inquérito correlacional. Por conseguinte, a investigação utilizará procedimentos adequados dos métodos de investigação correspondentes na conceção do estudo.

Método de recolha de dados

Instrumentação

O instrumento a utilizar para recolher dados primários foi um questionário pessoal com base em questionários estruturados; o questionário será preparado para conter informações relativas aos objectivos da investigação.

Procedimento de amostragem

O método de amostragem selectiva foi implementado no processo deste estudo. Isto será feito através da identificação primária de grupos da comunidade, o que ocorre tomando aleatoriamente um determinado tamanho de amostra de alguns locais na área alvo. O estudo utilizou uma amostra de inquérito de 108 inquiridos de 360 agregados familiares, o que corresponde a 30% do total de agregados familiares.

Método de análise de dados

Os dados serão analisados de acordo com cada objetivo da seguinte forma:

1.   Os objectivos um e dois serão analisados utilizando estatísticas descritivas, ou seja, uma percentagem.

2.   O terceiro objetivo será analisado através de estatísticas correlacionais que descrevem a relação derivada entre as variáveis independentes e dependentes.

Literatura citada

Casley D.J. e Kumar, K. 1988. The Collection, Analysis and Use of Monitoring and Evaluation Data. John Hopkins Press. Washington D.C.: Banco Mundial.

Karen Stanecki (1991), The Demographic Impact of Agriculture

num país africano: Aplicação do Centro de Investigação Internacional, EUA.

Kearle B. 1976. Field Data Collection in the Social Sciences: Experiences in Africa and the Middle East. Conselho de Desenvolvimento Agrícola Inc. Nova Iorque: NY.

Murphy J., Casley D.J. e Curry J.J. 1991. As estimativas dos agricultores como fonte de dados de produção: Methodological Guidelines for Cereals in Africa. Washington D.C.: Banco Mundial.

Poate C.D. e Casley D.J. 1985. Estimating Crop Production in Development Projects, Methods and Their Limitations [Estimativa da Produção Agrícola em Projectos de Desenvolvimento, Métodos e suas Limitações]. Washington D.C.: Banco Mundial.

Riely F. e MockN. 1995. Inventário de Indicadores de Impacto da Segurança Alimentar. In: Food Security Indicators and Framework: A Handbook for Monitoring and Evaluation of Food Aid Programs. USAID, Food Security and Nutrition Monitoring Project (IMPACT) Publication. Virgínia: Arlington.

Rowley, Anderson (1990). Wan Ng Some Demographic and

Consequências económicas", 4:47-56.

Rozelle S. 1991. Rural Household Data Collecting in Developing Countries: Designing Instruments and Methods for Collection Farm Production Data. Universidade de Cornell, Working Papers in Agricultural Economics. 91-17. Nova Iorque: Ithaca.

Seitz, Thomas, (1991) Investors Manual, Version 3.0, Productivity for Political Science, University of Illinois, dezembro.

Sullivan, Sheffrin (2003). Economia: Principles in action. Upper Saddle River, New Jersey 07458: Pearson Prentice Hall. pp. 273.

Verma V., Marchant T. e Scott C. 1988. Evaluation of Crop-Cut Methods and Farmer Reports for Estimating Crop Production: Resultados de um estudo metodológico em cinco países africanos. Centro Agrícola Longacre Ltd. Londres.

APÊNDICE

QUESTIONÁRIOS

<u>1. Por favor, indique o tipo de solo que existe nesta zona.</u>

Tipo de solo	VPST	PST	MST	FST	VFST
Argila					
Solo arenoso					
Misto					

Preto					
Vermelho					

3. Indicar, por favor, assinalando a quantidade de fertilizante adicionada a um hectare

Inferior a 50 kg para 1 ha

50-60 kg para 1 ha

61-70 kg para 1 ha

71-80 kg para 1 ha

81 e mais kg para 1 ha

4. Por favor, apresente o seu caso sobre a frequência de produção

Uma vez

Duas vezes

Três vezes

Quatro vezes

Cinco vezes

5. Indicar, por favor, assinalando o nível de produção a partir de um hectare

Inferior a 30 quintais

30-50

51-70

71-90

91 e mais

PAPEL DA IRRIGAÇÃO E DA PRODUÇÃO DOMÉSTICA DE ALIMENTOS

INTRODUÇÃO

Antecedentes do estudo

O rápido desenvolvimento das águas subterrâneas tem, no entanto, um preço. Em muitas zonas áridas, há cada vez mais áreas em sobre-escoamento e estão a surgir os problemas de qualidade da água que lhe estão associados. Na Índia, a falta de fiabilidade do abastecimento de energia, combinada com a fraca gestão dos recursos hídricos subterrâneos, limita grandemente o crescimento da agricultura de regadio. O facto de a atenção mundial se centrar na degradação ambiental e nas deslocações associadas às barragens obscureceu outra questão ambiental importante na gestão dos recursos hídricos. A explosão da utilização de bombas para irrigação, uso doméstico e industrial está a degradar os recursos hídricos subterrâneos. Nalgumas áreas, chegou-se a um ponto em que a sobre-exploração está a representar uma grande ameaça para o ambiente, a saúde e a segurança alimentar (Wilhelm, 2004).

O acesso e o consumo de alimentos adequados e apropriados pelos agregados familiares é uma componente importante da segurança alimentar. A melhoria do acesso aos alimentos e a outros recursos tem implicações significativas para o êxito das organizações governamentais e não governamentais na Etiópia e para a obtenção de resultados mensuráveis em termos de ajuda e desenvolvimento. Para estas organizações, a medição do acesso é problemática, em parte devido a uma vasta gama de intervenções e resultados esperados (por exemplo, melhoria das estradas e do fluxo de mercadorias, aumento dos rendimentos das famílias). A orientação limita-se a ajudar o pessoal do promotor cooperante a aumentar o conhecimento, a seleção e a medição dos indicadores de acesso, particularmente ao nível do terreno. Além disso, as ferramentas existentes não foram amplamente disponibilizadas. Técnicas como a recolha de dados de 24 horas sobre a ingestão de alimentos fornecem dados pormenorizados sobre o consumo de alimentos a nível do agregado familiar, mas são muito demoradas e dispendiosas e exigem um elevado nível de competência técnica, tanto na recolha como na análise (Williams, 2005).

Declaração do problema

A perceção dos doadores, apoiada pela comunidade internacional de especialistas em recursos hídricos e irrigação, é que a principal causa do fraco desempenho da agricultura de regadio em muitos países em desenvolvimento são as deficiências de gestão, das instituições e das políticas, e não a tecnologia. Esta perceção apoia o ponto de vista de que são necessários menos investimentos na irrigação.

A consequência da diminuição dos investimentos na agricultura de regadio é um declínio na taxa de crescimento das áreas irrigadas e um atraso na reabilitação e modernização dos sistemas existentes. A área irrigada global cresceu cerca de 2% ao ano nas décadas de 1960 e 1970, abrandando para 1,5% na década de 1980 e apenas 1% na década de 1990. A área irrigada cresceu de 150 para 260 milhões de hectares entre 1965 e 1995 e está agora a crescer a um ritmo muito lento devido a um abrandamento considerável dos novos investimentos combinado com a perda de áreas irrigadas devido à salinização e à invasão urbana. Estima-se que cerca de 50 milhões de hectares de terras irrigadas sejam afectados por problemas de alagamento resultantes de más práticas de gestão da irrigação. Cerca de um milhão de hectares deixam de ser produzidos todos os anos devido à salinidade ou à sodicidade

(Foucault, 1998).

A Etiópia constitui uma exceção notável ao declínio global do investimento na irrigação. A área irrigada neste país aumentou três vezes, de 0,5 para 1,5 milhões de hectares entre 2009 e 2010, o que permitiu alcançar a autossuficiência em cinco produtos agrícolas. No entanto, a utilização excessiva da água de irrigação resultou no aumento das águas subterrâneas pouco profundas em algumas zonas, com impactos no ambiente, na saúde humana e nas instalações de engenharia. Embora não existam dados estatísticos disponíveis sobre esta matéria, é provável que a maioria das áreas irrigadas através de técnicas de conservação da água seja servida por poços ou sistemas canalizados. Existe ainda um enorme potencial para o desenvolvimento de técnicas de conservação da água nas áreas atualmente irrigadas por águas subterrâneas. A aplicação destas técnicas continuará a expandir-se com o mercado das culturas de elevado valor. No entanto, a adoção destas técnicas está limitada ao cultivo de determinadas culturas devido a questões técnicas e financeiras. Isto leva-nos a colocar as seguintes questões de investigação:

1.	Qual é o papel da irrigação em termos de rendimento sustentável e de aumento da produção?

2.	Qual é a situação do consumo alimentar do agregado familiar em termos de dimensão da família e de consumo anual?

3.	Existe uma relação entre o papel da irrigação e o consumo alimentar das famílias em Turge kebele?

Objetivo do estudo

O objetivo geral do estudo é analisar a relação entre o papel da irrigação e o consumo alimentar das famílias. O objetivo específico será o seguinte:

1.	Examinar o papel da irrigação em termos de proporcionar um rendimento sustentável e aumentar a produção.

2.	Avaliar a situação do consumo alimentar das famílias em termos de dimensão da família e de consumo anual.

3.	Analisar a relação entre o papel da irrigação e o consumo alimentar das famílias no kebele de Turge.

Hipótese do estudo

Não existe qualquer relação entre o papel da irrigação e o consumo alimentar das famílias no kebele de Turge.

Importância do estudo

O estudo terá uma boa contribuição para servir os serviços de agricultura no trabalho de introdução do papel da irrigação no kebele; espera-se também que o resultado deste estudo ajude a comunidade a desenvolver uma certa consciencialização para participar nas práticas de irrigação. A comunidade aprenderá muito com a apresentação que lhe é feita durante a divulgação. O investigador utilizará este estudo como referência para efetuar a sua própria investigação.

Limitações do estudo

Para além das limitações de transporte e financeiras, o investigador enfrentará alguns problemas na realização deste estudo; entre estes, os inquiridos podem não dar respostas cientificamente comprovadas aos questionários colocados pelo investigador. O agente de desenvolvimento pode não estar disponível o tempo todo na área de estudo para fornecer informações factuais ao investigador.

O investigador ultrapassará estes problemas da seguinte forma: procurando outros meios de transporte para o local utilizando cavalos. O investigador obterá adiantamentos de amigos para pagar depois da licenciatura. Além disso, o investigador irá ao local onde o agente de desenvolvimento reside ou ao escritório para obter mais informações sobre a resposta de alguns inquiridos.

Delimitação do estudo

Este estudo foi delimitado para analisar a relação entre o papel da irrigação e o consumo alimentar das famílias. Este tema foi selecionado pelo investigador com o objetivo de contribuir para as actividades de desenvolvimento realizadas na localidade.

REVISÃO DA LITERATURA RELACIONADA

Papel da irrigação

Nos últimos anos, as reuniões de alto nível dos líderes mundiais e dos seus conselheiros concordaram repetidamente que é altamente prioritário dar resposta às múltiplas necessidades de água de dois mil milhões ou mais de pessoas - o aumento previsto da população até 2020. O desafio consiste em conseguir um equilíbrio entre a utilização da água para a alimentação e a satisfação das necessidades domésticas e industriais de água, que estão a aumentar. As opiniões divergem entre os peritos relativamente a algumas das questões. No entanto, chegou-se a um consenso de que a contribuição da irrigação para o aumento da produção alimentar deve ser substancial. Foram examinados diferentes cenários (opções) para explorar uma série de questões, como a expansão da agricultura de regadio, o aumento da produção alimentar em zonas de sequeiro e a aceitação pública das culturas geneticamente modificadas. Por um lado, existe o cenário de manutenção do status quo - uma continuação das tendências actuais em matéria de produção e de política que conduz a uma escassez de água a nível regional e, possivelmente, a uma crise mundial da água; por outro lado, existe uma política de grandes investimentos - um aumento rápido da investigação agrícola e do desenvolvimento da irrigação e da drenagem (Williams, 2005).

Rendimento

Muito se poderia dizer sobre o papel dos factores demográficos e económicos, como o comércio mundial, os preços dos produtos de base e os subsídios agrícolas aos agricultores, na resposta a este desafio. No entanto, o objetivo do presente documento não é contribuir para o debate entre peritos sobre segurança alimentar. O objetivo é examinar as consequências prováveis do cenário de manutenção do status quo, que tem sido o modelo prevalecente para o desenvolvimento da agricultura de regadio, em especial dos sistemas de irrigação em grande escala, em muitos países. Também projecta os benefícios prováveis de um maior investimento na irrigação e defende uma nova abordagem para a conceção e gestão dos sistemas de irrigação em associação com reformas institucionais e políticas. De acordo com o Instituto Internacional de Gestão da Água (IWMI), o abastecimento fiável e atempado é a exceção, e não a regra, na maioria dos sistemas de irrigação dos países em desenvolvimento. Normalmente, os agricultores das zonas mais favorecidas dos sistemas de irrigação recebem um abastecimento adequado, ao passo que os que se encontram na cauda podem enfrentar a ruína. A má gestão agrava diretamente as desigualdades existentes na comunidade agrícola. Muitos agricultores, frustrados com a falta de fiabilidade do abastecimento de água, optaram por instalar poços tubulares. Consequentemente, a utilização de água subterrânea está a explodir em muitos sistemas de superfície para compensar o serviço pouco fiável dos sistemas de canais. Talvez seja necessário um choque como o que ocorreu nas décadas de 1960 e 1970 para despertar os decisores políticos e o público em geral para tomarem as medidas necessárias para melhorar a gestão destes sistemas de canais (Foucault, 1998).

Produção

Na Cimeira Mundial da Alimentação, em 1996, a Organização das Nações Unidas para a Alimentação e a Agricultura (FAO) estimou que, no futuro, 60% dos alimentos adicionais necessários devem provir da agricultura de regadio. A Comissão Internacional de Irrigação e Drenagem (ICID) estimou que a atual produção alimentar teria de duplicar nos próximos 25 anos. A estratégia da ICID para a implementação da Visão para a Água para a Alimentação refere-se à mesma estimativa da FAO relativamente ao papel da agricultura de regadio na sustentação do futuro abastecimento alimentar mundial. O novo slogan "mais colheita por gota" cristaliza o objetivo a atingir pelos países membros da ICID, em especial os que já quase atingiram o pleno desenvolvimento dos seus escassos recursos hídricos. Alguns analistas acreditam que o que é necessário é uma nova e mais verde revolução para aumentar novamente a produtividade e impulsionar a produção. No entanto, os desafios são muito mais complexos do que simplesmente produzir mais alimentos, porque as condições globais são diferentes das que existiam na altura da "Revolução Verde". Enfrentar os desafios actuais é ainda mais difícil porque poucos líderes de opinião parecem estar conscientes de que o mundo pode enfrentar problemas alimentares e agrícolas urgentes. A abundância de cereais produzidos no mundo e o facto de 840 milhões de pessoas com fome permanecerem aparentemente invisíveis, também obscurece os desafios (Russon, 2003).

As secas graves e o aumento acentuado dos preços dos alimentos levaram os governos nacionais e as agências internacionais a enfrentar a crise alimentar das décadas de 1960 e 1970. A "Revolução Verde", que consistiu na melhoria das variedades de culturas, no aumento da utilização de fertilizantes e na expansão da irrigação, evitou a escassez prevista na produção alimentar. De acordo com alguns peritos, ainda não se prevê outra crise alimentar prevista pelos defensores de um novo boom de investimento na irrigação. Os preços dos géneros alimentícios mantiveram-se estáveis durante os últimos 15 anos. Há fome no mundo, mas isso deve-se ao facto de os famintos não conseguirem traduzir as suas necessidades em procura ou de as desordens civis perturbarem os fluxos alimentares.

·No entanto, de acordo com o Grupo Consultivo para a Investigação Agrícola Internacional (CGIAR), o mundo está a entrar no século XXI à beira de uma nova crise alimentar mundial que é tão perigosa, mas muito mais complicada do que as ameaças que enfrentou na década de 1960 (Wolf, 1992).

Ao longo do tempo, a área irrigada por águas subterrâneas tem vindo a aumentar de importância em todo o mundo. O desenvolvimento das águas subterrâneas tem crescido a um ritmo excecional nas últimas décadas. O fornecimento de água mais fiável e a diminuição dos custos de extração devido aos avanços tecnológicos e, em muitos casos, aos subsídios governamentais para a instalação de energia e de bombas, encorajaram o investimento privado em poços tubulares. Por exemplo, na Índia e no Norte da China, a área irrigada por água subterrânea aumentou de cerca de 25% na década de 1960 para mais de 50% na década de 1990. A fonte de água de irrigação varia muito entre países, dependendo das condições hidro-geológicas e climáticas e do desenvolvimento histórico da irrigação. As respostas a um questionário recente da ICID sobre práticas de irrigação mostram que, entre os principais países, a Índia tem mais de 50% da sua área irrigada a partir de águas subterrâneas, seguida pelos EUA (43%), China (27%) e Paquistão (25%). Esta percentagem pode atingir os 80% em países desenvolvidos com clima ameno (Alemanha) e em países áridos (Arábia Saudita, Líbia). O Quadro 1 mostra a contribuição da água subterrânea utilizada para irrigação num conjunto de países que, em conjunto, representam cerca de 150 milhões de hectares ou 56,6% da área total irrigada em todo o mundo (Jack, 1983).

Consumo alimentar das famílias

Tamanho da família

A maioria das pessoas tem em consideração as finanças, o estilo de vida, o veículo, as preferências pessoais, o local onde vive (em termos de cidade), a casa, a idade dos outros filhos, etc. Alguns consideram crenças ecológicas e emocionais quando planeiam as suas famílias. E também temos de reconhecer que muitos bebés ainda não são planeados de todo. Então, qual é a sua resposta certa e como é que a decidiu? Junte-se a nós na conversa nos fóruns. No contexto humano, uma família é um grupo de pessoas ligadas por consanguinidade, afinidade ou co-residência. Na maioria das sociedades, é a principal instituição para a socialização das crianças. A partir da "unidade familiar" humana, por afinidade biológico-cultural, o casamento, a economia, a cultura, a tradição, a honra e a amizade são conceitos de família que são físicos e metafóricos, ou que se tornam cada vez mais inclusivos, estendendo-se à comunidade, à aldeia, à cidade, à região, à nação, à aldeia global e ao humanismo. Um grupo familiar constituído por um pai, uma mãe e os seus filhos é designado por família nuclear. Este termo pode ser contrastado com o de família alargada (Schneider, 1984).

Há também conceitos de família que rompem com a tradição no seio de sociedades particulares, ou aqueles que são transplantados através da migração para florescerem ou então cessarem nas suas novas sociedades. Enquanto unidade de socialização e instituição básica fundamental para a estrutura da sociedade, a família é o objeto de análise dos sociólogos da família. A genealogia é um campo que tem por objetivo traçar as linhagens familiares ao longo da história. Na ciência, o termo "família" passou a ser utilizado como um meio de classificar grupos de objectos como estando estreita e exclusivamente relacionados. No estudo dos animais, verificou-se que muitas espécies formam grupos que têm semelhanças com a "família" humana - muitas vezes chamada de "matilhas". (Harner, 1999).

Consumo anual.

O subsídio de consumo familiar é o montante de consumo que pode ser comprado livre de impostos ao abrigo do FairTax e o desconto prévio do FairTax devolve os impostos sobre este montante de despesas a cada agregado familiar qualificado. O subsídio de consumo familiar é igual às diretrizes do nível de pobreza estabelecidas pelo Departamento de Saúde e Serviços Humanos (HHS), além de um ajustamento para eliminar a penalização do casamento. É reconfortante saber que o abastecimento alimentar da Nação parece ser suficiente em género e quantidade, com algumas margens de segurança, para satisfazer as necessidades alimentares das suas populações militares e civis. Mas pode ser motivo de preocupação e de ação constatar que muitas famílias têm uma alimentação deficiente em condições de ampla oferta nacional (Schneider, 1984).

Um dos principais objectivos dos estudos sobre o consumo alimentar das famílias é conhecer as condições socioeconómicas e outras associadas a níveis baixos e elevados de consumo alimentar e estudar a importância de alguns dos factores que afectam a adequação nutritiva das dietas. Inquéritos Alimentares Nacionais O inquérito nacional mais recente sobre o consumo alimentar familiar foi o das famílias urbanas na primavera de 1948. Mais ou menos na mesma altura, cinco Estados do Sul, em cooperação com o Bureau of Human Nutrition and Home Econiomics, concluíram um inquérito conjunto sobre o consumo alimentar das famílias rurais nas zonas algodoeiras e montanhosas do Sul. Os dados de amostras internacionais de famílias urbanas e rurais estão disponíveis para 1942. O maior inquérito sobre o consumo alimentar a nível nacional foi efectuado em 1936 (Harner, 1999).

Resumo da revisão da literatura relacionada

O desafio consiste em conseguir um equilíbrio entre a utilização da água para a alimentação e a satisfação das necessidades domésticas e industriais de água, que estão a aumentar. As opiniões divergem entre os peritos relativamente a algumas das questões. No entanto, chegou-se a um consenso de que a contribuição da irrigação para o aumento da produção alimentar deve ser substancial. Foram examinados diferentes cenários (opções) para explorar uma série de questões, como a expansão da agricultura de regadio, o aumento da produção alimentar em zonas de sequeiro e a aceitação pública de culturas geneticamente modificadas.

METODOLOGIA

Quadro teórico

O limite do desenvolvimento das águas subterrâneas para irrigação nos principais países "celeiros" do mundo pode ser atingido dentro de poucos anos - antes do final da presente década na Índia. A sobre-exploração dos recursos hídricos subterrâneos nos países áridos e semi-áridos foi documentada em estudos recentes - aquífero Ogallala nos Estados Unidos, aquífero costeiro e aquíferos Souss em Marrocos, Hermosillo no México. Prevê-se que o desenvolvimento das águas subterrâneas para a agricultura de regadio abrande nos próximos anos. Este facto será demonstrado graficamente da seguinte forma:

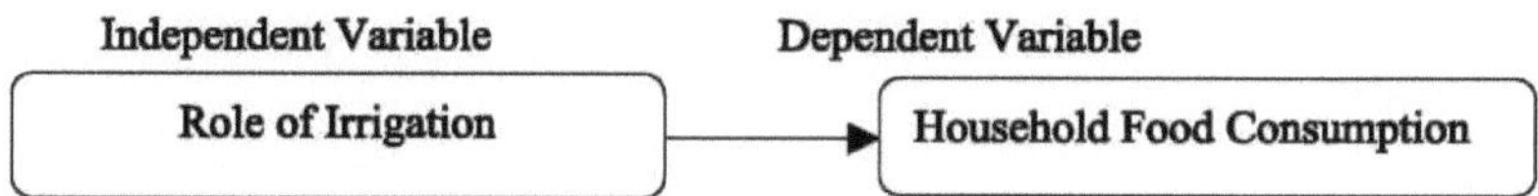

Figura 1: Mostra a relação teórica das variáveis

Quadro concetual

A relação teórica acima descrita será discutida em termos conceptuais nas partes seguintes. Com base nisto, a variável independente, que é representada pelo papel da irrigação, será definida em termos de rendimento e produção. A variável dependente é também representada pelo consumo alimentar das famílias e definida em termos de dimensão da família e consumo anual. Isto será apresentado graficamente da seguinte forma:

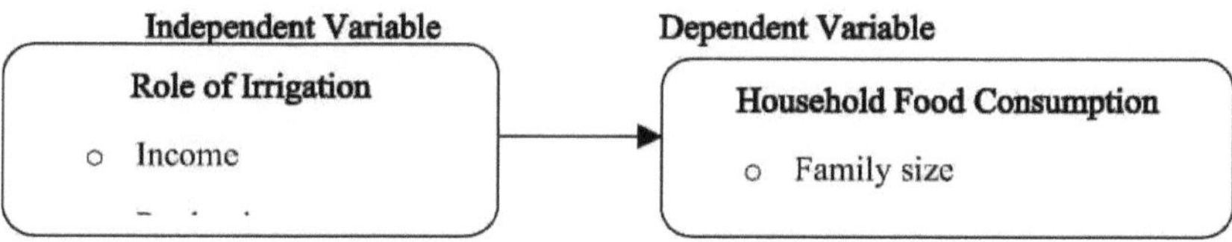

Figura 1: Mostra a relação concetual das variáveis

Operacionalização

Papel da irrigação

Neste estudo, o papel da irrigação é definido em termos de rendimento e produção. Isto será opetraionalizado da seguinte forma:

Rendimento

O rendimento é definido como a quantidade de dinheiro que os inquiridos ganham por mês. Este valor será medido da seguinte forma:

SN	Nível de rendimento	Descrição

1	Inferior a 500 Birr	Rendimento muito baixo
2	500-600 Birr	Rendimento baixo
3	601-700 Birr	Rendimento moderado
4	701-800 Birr	Rendimento elevado
5	801 e acima de Birr	Rendimento muito elevado

Tabela 1: Operacionalização do rendimento

Produção

Esta é definida em termos da quantidade de culturas produzidas por ano pelas famílias. Será medida em termos de quintais, como se segue:

SN	Nível de produção	Descrição
1	Inferior a 20 quintais	Produção muito baixa
2	20-40 quintais	Baixa produção
3	41-60 quintais	Produção moderada
4	61-80 quintais	Produção elevada
5	81 e mais quintais	Produção muito elevada

Tabela 2: Operacionalização da produção

Consumo alimentar das famílias

Esta é representada pelas variáveis dependentes e será definida em termos da dimensão da família e do consumo anual. Esta será operacionalizada da seguinte forma:

Tamanho da família

Este é definido em termos do número máximo de pessoas que vivem no agregado familiar. Será medido da seguinte forma:

SN	Tamanho da família	Descrição
1	Abaixo de 3	Família muito pequena
2	3-4	Família pequena
3	5-6	Tamanho moderado da família
4	7-8	Família numerosa
5	9 e mais	Família muito numerosa

Tabela 3: Operacionalização da dimensão da família

Consumo anual

Define-se como a quantidade de alimentos consumidos anualmente por um membro da família, em termos de alimentos em kg, que será medida da seguinte forma

SN	Nível de consumo anual	Descrição
1	Inferior a 500 kg	Consumo muito baixo
2	500-750 kg	Baixo consumo
3	751-1000 Kg	Consumo moderado
4	1001-1250Kg	Consumo elevado
5	1251 kg ou mais	Consumo muito elevado

Tabela 4: Operacionalização do consumo anual

Local do estudo

A Woreda de Arsi Negelle está situada no vale do rift médio da Etiópia, na região de Oromia, na zona oeste de Arsi. Geograficamente, situa-se entre 709' e 7041' de atitude norte e 38025' - 38054' de longitude leste. A Woreda de Arsi Negelle está dividida em três zonas climáticas principais com base na altitude (baixa, média e alta) que varia entre 1500 e 2300 metros acima do nível do mar. A zona climática de altitude elevada ocupa a maior área, seguida das zonas climáticas de altitude média e baixa. A precipitação média anual varia entre 500 e 1000 mm. A topografia é ligeiramente ondulada nas terras altas e quase plana nas terras baixas.

Turge é uma das associações de camponeses do distrito de Arsi Negelle, na zona ocidental de Arsi. Situa-se a 240 km a sul de Adis Abeba. A Associação de Camponeses faz fronteira com a cidade de Arsi Negelle a norte, o distrito de Shashamane a sul, denshe kebeles a leste e Kersa ilaala kabele a oeste. Esta kebele tem cerca de 2500 habitantes, dos quais 1200 são homens e 1300 são mulheres.

Conceção da investigação

Trata-se de um estudo de inquérito que utiliza modelos estatísticos de correlação. Por conseguinte, a investigação empregará procedimentos apropriados dos métodos de investigação correspondentes na conceção do estudo.

Método de recolha de dados

Instrumentação

O instrumento a utilizar para a recolha de dados primários será um questionário estruturado; o questionário é preparado para conter informações para o objetivo da investigação.

Procedimento de amostragem

Esta investigação segue a técnica de amostragem aleatória. Isto será feito através da identificação primária de pessoas da comunidade. O tamanho total da amostragem deste inquérito é de 65 pessoas num total de 650 agregados familiares na área de estudo. Isto é feito tomando 10% do agregado familiar.

Método de análise de dados

Os dados serão analisados de acordo com cada objetivo da seguinte forma:

3.   Os objectivos um e dois serão analisados utilizando estatísticas descritivas, tais como percentagens, média e desvio-padrão.

4.   O terceiro objetivo será analisado através de estatísticas correlacionais.

LITERATURA CITADA

Schneider, David (1984) A Critique of the Study of Kinship. Ann Arbor: University of Michigan Press. p. 182

Russon, John, (2003) Farmers Experience: Philosophy, and the Elements of EverydayLife   ,

Albany: State University of New York Press. pp.

Wolf, EriC (1992) A Europa e os povos sem história. Berkeley: University of California Press.

Harner, Michael (1999) "Scarcity, the Factors of Production, and Irrigation", em Steven

Polgar, ed. Mouton Publishers: Haia.

Williams, Brian (2005). Marriages, Families & Intinamte Relationships (Casamentos, Famílias e Relações Internas). Boston,

MA: Pearson.

Wilhelm Reich (2004) A Irrigação, Capítulo V, A Economia Agrícola do Autoritarismo

Agregado familiar.

Foucault, Michel (1998). A história da irrigação: Volume I: Uma Introdução. Nova Iorque

Vintage Books. ISBN 978-0-679-72469-8

Jack Goody (1983) The Development of Irrigation System in Europe (Cambridge University Press);

traduzido para espanhol, francês, italiano e português.

QUESTIONÁRIOS

1. Indique, por favor, o seu nível de rendimento de entre os seguintes.

Inferior a 500 Birr

500-600 Birr

601-700 Birr

701-800 Birr

801 e acima de Birr

2. Indique, por favor, a sua produção anual a partir das alternativas seguintes.

Inferior a 20 quintais

20-40 quintais

41-60 quintais

61-80 quintais

81 e mais quintais

3. Queira indicar, assinalando, o número de membros da família que constituem o seu agregado familiar

Abaixo de 3

3-4

5-6

7-8

9 e mais

4. Por favor, assinale com um X o consumo anual da sua família de entre os seguintes produtos

Inferior a 500 kg

500-750 kg

751-1000 Kg

1001-1250Kg

1251 kg ou mais

Printed by Books on Demand GmbH, Norderstedt / Germany